DEUTSCHE AKADEMIE DER WISSENSCHAFTEN ZU BERLIN
VORTRÄGE UND SCHRIFTEN
HEFT 74

GERHARD ELVERT

ÖKONOMISCHE PROBLEME DER AUSNUTZUNG DES WERTGESETZES IN DER LANDWIRTSCHAFT

AKADEMIE-VERLAG · BERLIN
1962

Vortrag gehalten auf der gemeinsamen Sitzung
der Sektion Wirtschaftswissenschaften der Deutschen Akademie
der Wissenschaften zu Berlin und der Sektion Agrarökonomik
der Deutschen Akademie der Landwirtschaftswissenschaften zu Berlin
am 16./17. 5. 1961

Erschienen im Akademie-Verlag GmbH, Berlin W 8, Leipziger Straße 3—4

Lizenznummer 202 · 100/23/62
Gesamtherstellung: VEB Druckerei „Thomas Müntzer" Bad Langensalza
Printed in Germany
Bestellnummer 2003/74 · ES 5 B 2 · Preis DM 2,60

Von den Sektionen Wirtschaftswissenschaften der Akademie der Wissenschaften und Agrarökonomik der Deutschen Akademie der Landwirtschaftswissenschaften wurde es als notwendig erachtet, über ökonomische Probleme der Ausnutzung des Wertgesetzes in der Landwirtschaft zu beraten. Bereits die allgemeine Formulierung des Themas für Referat und Aussprache weist darauf hin, daß es sich bei dieser ersten Zusammenkunft nur darum handeln kann, die theoretischen Fragen zu sichten, die auf diesem Gebiet den Arbeitsbereich beider Sektionen berühren.

Gestützt auf Empfehlungen, die ich in Vorbereitung der heutigen Tagung von den Sektionen erhielt, sehe ich meine Aufgabe darin:

1. Die Veränderungen anzudeuten, die sich durch die sozialistische Umgestaltung der Landwirtschaft in der Warenproduktion und in den Ware—Geld-Beziehungen vollziehen.
2. Die Problematik herauszuarbeiten, die mit diesem Prozeß in der Ausnutzung des Wertgesetzes, insbesondere für die Planung und Leitung der Landwirtschaft, verbunden ist und
3. die Notwendigkeit zu begründen, in den sozialistischen Landwirtschaftsbestrieben die wirtschaftliche Rechnungsführung als Form der planmäßigen Wirtschaftsführung sozialistischer Betriebe, die durch das Wirken des Wertgesetzes bedingt ist, noch zielstrebiger durchzusetzen.

Die Beratung dieser, die Wechselbeziehungen zwischen Stadt und Land, zwischen Industrie und Landwirtschaft, zwischen

Arbeiterklasse und Bauernschaft berührende Probleme ist in der erreichten Etappe der sozialistischen Umgestaltung unserer Landwirtschaft zu einer dringenden Notwendigkeit geworden. Ich hoffe, daß es gelingt, die Fragen aufzuwerfen, die einer gemeinsamen Beantwortung bedürfen und davon ausgehend, auch Formen der Gemeinschaftsarbeit aller Sparten der Wirtschaftswissenschaftler zu finden, die helfen können, den gewaltigen Prozeß des Aufbaus des Sozialismus in der Landwirtschaft noch besser zu unterstützen.

Zur Entwicklung der Ware — Geld — Beziehungen in der sozialistischen Landwirtschaft

In jüngster Vergangenheit zog die 12. Tagung des ZK der SED eine Zwischenbilanz zu den Ergebnissen, die bisher in Verwirklichung der Beschlüsse des V. Parteitages erzielt werden konnten. Die Partei der Arbeiterklasse unterstrich, daß neben der Bewältigung der vor der Industrie stehenden Aufgaben auch in der Landwirtschaft große Anstrengungen erforderlich sind, um die gesteckten Ziele des Siebenjahrplanes zu erfüllen.

Es bedarf in diesem Rahmen keines detaillierten zahlenmäßigen Nachweises, daß es zur Befriedigung der Bedürfnisse der sozialistischen Gesellschaft und zur planmäßigen proportionalen Entwicklung unserer Volkswirtschaft erforderlich ist, die Erzeugung landwirtschaftlicher Produkte in schnellem Tempo zu erhöhen. So sieht der Siebenjahrplan z. B. eine Steigerung der Milcherzeugung um 80,0%,[1] der Fleischproduktion um 44,3%,[1] der Eiererzeugung um 76,4%[1] vor. Die Getreideerträge sollen um 17,3%, die Kartoffelerträge um 22,5% erhöht werden. Bekanntlich handelt es sich bei diesen

[1] Staatliches Aufkommen.

abgesteckten Größenordnungen um Minimalforderungen, die zu überbieten sind, um mit der schnell steigenden Nachfrage nach Nahrungsmitteln Schritt halten zu können. Gemessen an Zuwachsraten einzelner industrieller Produktionszweige mögen die genannten Ziffern gering erscheinen. Bei einem solchen Vergleich sollten aber die objektiven Besonderheiten des landwirtschaftlichen Produktionsprozesses nicht außer Acht gelassen werden. Verwiesen sei nur auf die der Landwirtschaft eigene Verflechtung des ökonomischen mit dem natürlichen Reproduktionsprozeß. Die Größe der zu erfüllenden Produktionsaufgaben wird bei einer Konfrontierung mit der westdeutschen Landwirtschaft sichtbar. Hier konnte in den vergangenen 6 Jahren lediglich ein Produktionszuwachs von 12,5%[1] erreicht werden.

Es geht jedoch nicht nur um die gebrauchswertmäßige Seite der landwirtschaftlichen Erzeugung. Zur ständigen Überwindung des auch in der Agrarproduktion deutlich sichtbaren, treibenden Widerspruchs der sozialistischen Gesellschaft, des Widerspruchs zwischen dem erreichten Stand der Produktion und den wachsenden Bedürfnissen der Gesellschaft, letztlich auch zur Steigerung der Agrarproduktion ist die systematische Senkung des Wertes der erzeugten landwirtschaftlichen Produkte von hervorragender volkswirtschaftlicher Bedeutung. Die auf diese Weise entstehenden ökonomischen Voraussetzungen für die Senkung der Preise sind für die Befriedigung der wachsenden Bedürfnisse der Bevölkerung und die Festigung der gesamten sozialistischen Volkswirtschaft ein ernst zu beachtender Faktor. Die Größenordnung der hier berührten Frage wird daran ersichtlich, daß gegenwärtig ca. 36%[2] der

[1] Nahrungsmittelproduktion in GE nach Angaben des Statistischen Jahrbuches der Deutschen Bundesrepublik, 1960.

[2] Nach Angaben von Mitarbeitern der Staatlichen Plankommission (ohne Kakao und Südfrüchte).

Kaufkraft unserer Gesellschaft für den Erwerb landwirtschaftlicher Erzeugnisse verausgabt werden. Die Notwendigkeit, die gesamte Ökonomie der landwirtschaftlichen Produktion zu verbessern, kann auch dadurch unterstrichen werden, daß gegenwärtig 20—25% der im produktiven Bereich unserer Volkswirtschaft eingesetzten Grundfonds auf die Landwirtschaft entfallen;[1] dem gegenüber steht jedoch nur ein ca. 10%iger Anteil an der volkswirtschaftlichen Bruttoproduktion.[2] Erwähnenswert ist in diesem Zusammenhang, daß in den Jahren 1957/58 der Bruttowert des Anlagevermögens je Beschäftigten in der sozialistischen Landwirtschaft ca. 3000,— DM höher lag als der vergleichbare Wert in der Industrie.[2]

Hinzu kommt, daß auch für die sozialistische Landwirtschaft in vollem Maße die Forderung gilt, daß das Sinken des Wertes so erfolgen muß, daß die Zunahme des Anteils an vergegenständlichter Arbeit durch die Abnahme des Anteils an lebendiger Arbeit mehr als aufgewogen wird.[3] Untersuchungen ergaben, daß diese ökonomische Forderung infolge der Aufbauperiode der sozialistischen Landwirtschaftsbetriebe gegenwärtig noch nicht befriedigend erfüllt werden kann. Die ökonomische Notwendigkeit zur Steigerung der Arbeitsproduktivität in der sozialistischen Landwirtschaft ist eine Grundfrage, die die gesamte Volkswirtschaft berührt. Marx wies auf diesen Zusammenhang hin und unterstrich, daß „eine über das individuelle Bedürfnis des Arbeiters hinausgehende

[1] Nach Untersuchungen des Instituts für Agrarökonomie der Deutschen Akademie der Landwirtschaftswissenschaften zu Berlin. Bei diesen Berechnungen wurde das Vieh nicht mit einbezogen.

[2] Vgl. Statistisches Jahrbuch der Deutschen Demokratischen Republik, 1959.

[3] Vgl. Fritz Behrens: „Ökonomie der Zeit, darin löst sich schließlich alle Ökonomie auf", Akademie Verlag, Berlin, 1960.

Produktivität der agrikolen Arbeit ... die Basis aller Gesellschaft ..." ist.[1] Die weitere Festigung der sozialistischen Betriebe erschließt neue Möglichkeiten, diese Steigerung der Arbeitsproduktivität in der Landwirtschaft zu erreichen. Welche Bedeutung der Nutzung dieser Möglichkeiten zukommt, ist besonders durch die 12. Tagung des ZK der SED klargestellt worden. Gegenwärtig beträgt der Anteil der in der Landwirtschaft Beschäftigten noch ca. 23% aller im produktiven Bereich Tätigen.

Die vor der sozialistischen Landwirtschaft stehenden ökonomischen Aufgaben lassen sich, von dem Gesagten ausgehend, in der Produktionssteigerung mit gleichzeitiger Qualitätsverbesserung, in der Senkung der Selbstkosten und in der Erhöhung der Arbeitsproduktivität zusammenfassen. Die Erfüllung dieser Aufgaben ist mit einer Festigung des Bündnisses der Arbeiterklasse mit der Bauernschaft verbunden. Unter den Bedingungen der Deutschen Demokratischen Republik wird damit gleichzeitig der Nachweis für die Richtigkeit und die Allgemeingültigkeit des Leninschen Genossenschaftsplanes auch für die Länder gegeben, die den Übergang zu sozialistischen Produktionsverhältnissen auf der Grundlage einer im Kapitalismus bereits hochentwickelten Volkswirtschaft vollziehen.

Durch die Vereinigung aller Bauern zu landwirtschaftlichen Produktionsgenossenschaften entstanden neue Bedingungen für die Erfüllung dieser von der Landwirtschaft zu leistenden Aufgaben. Die landwirtschaftliche Produktion vollzieht sich jetzt[2] in 649 VEG,[3] 12746 LPG des Typ I und 6350 LGP des Typ III.[2] Die Wirkungsweise der ökonomischen Gesetze des Sozialismus dehnt sich auf die gesamte Landwirtschaft aus, und es erwächst die Möglichkeit, die objektiven Vorzüge der

[1] Karl Marx: „Das Kapital", Band 3, Dietz Verlag, Berlin, S. 836.

[2] Stand vom 20.11. 1960.

[3] ohne VE Gartenbau.

sozialistischen Produktion auch in der Landwirtschaft voll zu entfalten. Der Produktions- und Reproduktionsprozeß der gesamten Volkswirtschaft kann sich jetzt bereits im wesentlichen auf der einheitlichen Grundlage des sozialistischen Eigentums an den Produktionsmitteln entwickeln.

Es ist ein historisches Verdienst von Lenin, den Nachweis geführt zu haben, daß auch bei sozialistischem Eigentum an den Produktionsmitteln und seiner als Ergebnis der historischen Entwicklung gegenwärtig notwendigen Existenz als staatliches Eigentum einerseits und genossenschaftliches Eigentum andererseits das Fortbestehen der Warenproduktion, der Warenbeziehungen und das Wirken des Wertgesetzes erforderlich ist. Lenin betonte, „. . . daß der Warenaustausch zwischen Stadt und Land eine Kontrolle für die Richtigkeit der gegenseitigen Beziehungen zwischen Industrie und Landwirtschaft, zwischen der Arbeiterklasse und der Bauernschaft darstellt“.[1] Die Vorzüge der sozialistischen Landwirtschaft voll zu entfalten, schließt dementsprechend auch ein, das Wirken des Wertgesetzes zu berücksichtigen und dasselbe für die planmäßige Wirtschaftsführung voll zu nutzen. Voraussetzungen dafür sind eben gerade dadurch entstanden, daß sich jetzt auch in der Landwirtschaft die Warenproduktion „besonderer Art“ allseitig zu entwickeln beginnt, eine Warenproduktion ohne Privateigentum an den Produktionsmitteln und ohne Kapitalisten. Der Bereich der Warenproduktion und Warenzirkulation wird eingeengt, da die Arbeitskraft aufhört, Ware zu sein und der Boden keinen Gegenstand des Kaufs und Verkaufs mehr darstellt.[2] Das Wertgesetz verliert seine elementare Kraft. In seiner möglichen Beherrschung und Ausnutzung liegt ein gewaltiger Vorzug der sozialistischen Produktionsweise.

---

[1] zitiert aus: „Lehrbuch Politische Ökonomie“, S. 589, Dietz Verlag, Berlin, 1960.

[2] Vgl.: ebenda, S. 593.

So wichtig es ist, auf die Einschränkungen zu verweisen, denen die Warenproduktion im Sozialismus qualitativ unterworfen ist, so notwendig ist zum Verständnis der mit der Ausnutzung des Wertgesetzes in der Landwirtschaft verbundenen Problematik die Feststellung, daß der Aufbau der sozialistischen Landwirtschaft eine quantitative Erweiterung der Warenproduktion und eine vielseitigere Entwicklung der Ware—Geld-Beziehungen hervorruft.

Diese Erweiterung ergibt sich nicht nur aus der Steigerung der Brutto- und Marktproduktion, sondern vor allem aus der Vertiefung der gesellschaftlichen Arbeitsteilung, die mit der Schaffung der materiell-technischen Basis für die sozialistische Landwirtschaft, mit dem Sprung von einer der Manufakturperiode nahestehenden Produktionsweise zur maschinellen Großproduktion verbunden ist.[1] Vor allem vertiefen sich die Beziehungen zwischen der Landwirtschaft und der sozialistischen Industrie. Es sei nur auf den verstärkten landwirtschaftlichen Anspruch auf Produkte des Maschinenbaues, der chemischen Industrie und auf Leistungen des Bauwesens verwiesen. Als charakteristische Tendenz für die landwirtschaftliche Produktion im sozialistischen Betrieb entwickeln sich Warenbeziehungen mit Industriebetrieben, die eine industrielle Zwischenbearbeitung solcher landwirtschaftlichen Erzeugnisse vornehmen, die im landwirtschaftlichen Produktionsprozeß wiedereingesetzt werden sollen. Trocknung und Mischfutterherstellung können dafür als Beispiel dienen. Mit der vollständigen Mechanisierung der landwirtschaftlichen Produktion entwickeln sich zwischenbetriebliche Beziehungen, die in der Industrie unter dem Begriff „Kooperation bei fremden Leistungen" bekannt sind. Der technische Fortschritt bringt es mit sich, daß einzelne Spezialoperationen des Produktions-

[1] Vgl.: W. I. Lenin: „Werke", Band 5, S. 136, Dietz Verlag, Berlin, 1955.

prozesses ökonomisch effektiver von spezialisierten Betrieben als von den Einzelwirtschaften selbst vorgenommen werden. RTS, landwirtschaftliche Abteilung der Deutschen Lufthansa, Hopfengerüstbaubetriebe seien hier als Beispiel angeführt. Mit der Herausbildung der Zweige der pflanzlichen und tierischen Produktion setzt sich auch in der Landwirtschaft fortschreitend die Stufenproduktion durch. Damit wird in wachsendem Maße die Herstellung eines landwirtschaftlichen Erzeugnisses gemeinsames Resultat mehrerer landwirtschaftlicher Produktionsstätten, die untereinander in Ware—Geld-Beziehungen treten. Aus der Fülle der sich hier entwickelnden Verflechtungen sei auf Läuferlieferbetriebe, Kälber- und Jungviehaufzuchtbetriebe verwiesen. Ware—Geld-Beziehungen beginnen sich in starkem Maße für die Aufbereitung und Lagerung landwirtschaftlicher Erzeugnisse zu entwickeln. Schlachtanlagen, Obst- und Gemüselagerhäuser usw., die auch in Form zwischengenossenschaftlicher Einrichtungen entstehen können, übernehmen Funktionen, die früher im landwirtschaftlichen Betrieb selbst wahrgenommen wurden.

Die Erweiterung der Ware—Geld-Beziehungen ergibt sich aber nicht nur unmittelbar aus Veränderungen in der Produktionssphäre. Erinnert sei daran, daß sich von seiten der landwirtschaftlichen Bevölkerung selbst eine wachsende Nachfrage nach Landwirtschaftsprodukten in Warenform ergibt. Das erklärt sich aus der Abnahme des allgemeinen Selbstversorgungsgrades, aus der Spezialisierung der einzelnen Produktionsstätten und mittelbar auch aus der ständigen Verringerung der direkt in der Landwirtschaft Tätigen.

Die gewählten Beispiele sollten unterstreichen, daß bei der Untersuchung der Wirkungsweise des Wertgesetzes in der Landwirtschaft wesentliche Unterschiede gegenüber der Periode des Vorherrschens einzelbäuerlicher Wirtschaften zu beachten sind. Das Wertgesetz verliert, auch in der Sphäre der Landwirtschaft, jetzt mehr und mehr seine elementare Kraft, die in der vergangenen Periode noch starke Impulse auf die Produktion ausübte. Es erweitern sich Warenproduktion und Ware—Geld-Beziehungen in der Landwirtschaft in bisher nicht bekanntem Ausmaß. Die Wertbildung in der landwirtschaftlichen Produktion wird immer mehr durch das Produktionsniveau der Industrie beeinflußt, eine Problematik, die im Rahmen dieses Vortrages zwar nicht beleuchtet werden kann, die aber eine baldige umfassende Erforschung erfordert. Endlich wird aus den Darlegungen ersichtlich, daß die wirtschaftspolitischen Maßnahmen zur Ausnutzung der ökonomischen Gesetze, insbesondere auch zur Ausnutzung des Wertgesetzes, dem jeweiligen Entwicklungsstand entsprechen müssen und demzufolge auch Änderungen unterworfen sind.

Die Ausnutzung des Wertgesetzes muß zur Festigung der sozialistischen Produktionsweise beitragen

Die Entwicklung unserer Landwirtschaft bestätigt die Richtigkeit der Agrarpolitik von Partei und Regierung. Die im Vorjahr bei offenen Grenzen gegenüber dem imperialistischen Westdeutschland vollzogene Vereinigung der Bauern zu Produktionsgenossenschaften ist ein Erfolg von historischer Tragweite. Hervorzuheben ist, daß in der gesamten Periode der sozialistischen Umgestaltung der Landwirtschaft eine fortschreitende Erhöhung der Marktproduktion wichtiger landwirtschaftlicher Erzeugnisse erreicht werden konnte. Es erhöhte sich das staatliche Aufkommen bei Schlachtvieh, Milch, Eiern, Geflügel und Wolle im Zeitraum von 1950/1960 auf 290,1%.[1] Bei den gleichen Produkten konnte 1960, dem Jahr

[1] Nach Unterlagen des Ministeriums für Landwirtschaft, Erfassung und Forstwirtschaft; Umrechnung erfolgte auf GE-Basis.

des freiwilligen Zusammenschlusses aller Bauern zu landwirtschaftlichen Produktionsgenossenschaften, der höchste Jahreszuwachs der Marktproduktion seit 1952 erzielt werden.

Daraus läßt sich die Schlußfolgerung ableiten, daß die Entwicklung der bisherigen Ware—Geld-Beziehungen und die Berücksichtigung des Wirkens des Wertgesetzes voll den Bedingungen der Übergangsperiode entsprach. Das System von Erfassung und Aufkauf, verbunden mit einem doppelten Erzeugerpreisniveau und einem Vertragssystem für bestimmte landwirtschaftliche Produkte ermöglichte es, die private Arbeit Hunderttausender individueller bäuerlicher Produzenten, entsprechend den gesellschaftlichen Bedürfnissen zu lenken, die mit der individuellen Warenproduktion verbundene Tendenz zur kapitalistischen Produktion einzuschränken und sowohl die bestehenden sozialistischen Landwirtschaftsbetriebe als auch die der werktätigen Einzelbauern vielseitig und differenziert zu unterstützen. Die Beziehungen zwischen Industrie und Landwirtschaft wurden auf diese Weise, den gesellschaftlichen Erfordernissen entsprechend reguliert, das Bündnis zwischen der Arbeiterklasse und der werktätigen Bauernschaft ständig gefestigt.

Die 8. Tagung des ZK der SED arbeitete heraus, daß unter den neuen gesellschaftlichen Bedingungen solche Veränderungen im gesamten System der Planung und Leitung der Landwirtschaft erforderlich werden, die dem erreichten Stand der sozialistischen Umgestaltung entsprechen. Die folgenden Ausführungen sollen das am Beispiel der Wirkungsweise des Wertgesetzes verdeutlichen.

„Das Wertgesetz erfordert, daß sich die Produktion und die Realisierung der Waren auf der Grundlage des gesellschaftlichen notwendigen Arbeitsaufwandes vollziehen".[1]

---

[1] Lehrbuch „Politische Ökonomie", S. 600, Dietz Verlag, Berlin, 1960.

Die skizzierte Übersicht über die mit der sozialistischen Umgestaltung der Landwirtschaft verbundene Vertiefung der gesellschaftlichen Arbeitsteilung ließ die Notwendigkeit und die volkswirtschaftliche Bedeutung eines äquivalenten Warenaustausches besonders sichtbar werden. Gegenwärtig beginnen sich hier Widersprüche zu entwickeln. Durch das doppelte Preissystem steigt z. B. die Preissumme, die von der Landwirtschaft realisiert wird, schneller als die erzeugte Produktenmenge.

Im Jahre 1960 vollzog sich gegenüber 1959 bei den Produkten Schlachtvieh ohne Schwein, Milch und Schwein folgende Steigerung der Marktproduktion gegenüber den diesbezüglichen Einnahmen.[1]

	Steigerung Marktproduktion	Einnahmen
Schlachtvieh ohne Schwein	um 14%	um 16%
Schwein	um 11%	um 17%
Milch	um 5%	um 10%

Allgemein steigt bekanntlich über einen längeren Zeitraum selbst bei gleichbleibenden Preisen das Reineinkommen schneller als die Produktion und der evtl. Akkumulationsbedarf durch die Senkung der Selbstkosten je Produkt. Auf diese Weise werden Preissenkungen möglich und notwendig. In der Landwirtschaft steigt gegenwärtig das Reineinkommen proportional mit der Produktion + Selbstkostensenkung + Steigerung der Durchschnittspreise, die sich aus der fortschreitenden relativen und absoluten Erhöhung des Aufkaufanteils ergibt. Damit rückt der Zeitpunkt heran, wo im genossenschaftlichen Sektor das Reineinkommen schneller steigen kann als der Akkumula-

[1] Nach Unterlagen des Ministeriums für Landwirtschaft, Erfassung und Forstwirtschaft.

tions- und Konsumtionsbedarf unter Berücksichtigung des Gesetzes der proportionalen Entwicklung. Es tritt eine falsche Verteilung des Nettoproduktes der Gesellschaft ein. Im Jahre 1959 betrug der Anteil der Landwirtschaft insgesamt am Bruttoprodukt 9,9%, der am Nettoprodukt jedoch 12,1%.[1] Aber auch im Rahmen der Landwirtschaft selbst werden durch diese Tendenzen ernsthaft Disproportionen hervorgerufen. Das doppelte Preissystem führt zu Realisierungspreisen, die sich für die einzelnen LPG und für ganze Gebiete beträchtlich voneinander unterscheiden. Die Spezialiserung und Kooperation der Produktion, die Vertiefung der gesellschaftlichen Teilung der Arbeit wird dadurch behindert.

Natürlich trifft auch für die Bedingungen der Deutschen Demokratischen Republik sinngemäß die Resolution des Februar-Plenums des ZK der KPdSU (B) vom Jahre 1927 zu, in der es heißt:

> „Im Problem der Preise kreuzen sich alle grundlegenden ökonomischen und folglich auch politischen Probleme des Sowjetstaates. Die Herstellung richtiger Beziehungen zwischen der Bauernschaft und der Arbeiterklasse, die Sicherung einer koordinierten und wechselseitig bedingten Entwicklung der Landwirtschaft und der Industrie . . . , die Sicherung des Reallohnes, die Festigung des Tscherwonez . . . alle diese Fragen stoßen auf das Preisproblem".[2]

Damit soll gesagt sein, daß Umfang, Art und Zeitpunkt von wirtschaftspolitischen Änderungen auf diesem Gebiet nicht direkter Gegenstand der wirtschaftswissenschaftlichen Forschung ist. Dagegen sollten wir es durchaus als unsere Aufgabe erkennen, Unterlagen für künftige Entscheidungen zu erarbeiten und theoretische Fragen klären zu helfen.

---

[1] Vgl. Statistisches Jahrbuch der Deutschen Demokratischen Republik, 1959.

[2] zitiert aus: Lehrbuch Politische Ökonomie, Seite 601, Dietz Verlag, Berlin, 1960.

Eines der kompliziertesten Probleme ist in der Landwirtschaft mit dem Wirken der Differentialrente verbunden. Gegenwärtig zeichnet sich in den LPG unserer Republik eine unterschiedliche Entwicklung nach der verschiedenen Gunst der Naturbedingungen und nach der Art der Bewirtschaftung ab. Es lassen sich somit ursächliche Beziehungen zu den beiden Formen der Differentialrente herstellen. Die folgende Gegenüberstellung von LPG aus zwei bodenmäßig sehr verschiedenen Kreisen soll dies verdeutlichen.[1]

Kreis	Bruttoprod. DM je ha LN	Marktprod. DM je ha LN	Einnahmen DM je ha LN	Geldeink. DM je ha LN
Wanzleben Z3	1.337	1.155	1.466	720
Beeskow K3	712	634	680	151
Beeskow in % von Wanzleben	53	55	50	21

Diese Angaben verdeutlichen, wie wichtig es ist, die Frage zu klären, was in der Deutschen Demokratischen Republik als gesellschaftlich notwendige Arbeitszeit für die Erzeugung der einzelnen landwirtschaftlichen Produkte anerkannt wird. Allgemeiner gesagt, ist die Frage zu beantworten, wo der Wert der einzelnen landwirtschaftlichen Produkte, der als maßgeblich für ihren äquivalenten Austausch angenommen werden muß, liegt. Praktisch läuft die Antwort auf die Aussage hinaus, ob unter sozialistischen Produktionsbedingungen der von

[1] Angaben beziehen sich auf das Jahr 1959. Sie erfassen den Durchschnitt aller LPG eines Naturtyps im betreffenden Kreis. Unter „Naturtyp“ ist eine Klassifizierung der Böden nach Fruchtbarkeit zu verstehen. Z3 sind tiefgründige, milde Lößböden, vorzüglich für Zuckerrüben-, Sommergersten- (Braugerste), Gemüse- und Frühkartoffelanbau geeignet. K3 sind mittlere Sandböden, für den Kartoffel-, Roggenbau geeignet, aber nicht mehr sicher im Haferbau. Nach Untersuchungen d. Inst. f. Agraröк. der DAL zu Berlin.

Marx für den Kapitalismus entdeckte „falsche soziale Wert" der Agrarproduktion noch fortbesteht oder nicht. In der Literatur und in Forschungsberichten werden hierzu die widersprechendsten Meinungen vertreten. Persönlich erscheint mir die oft vertretene These, nach der auch im Sozialismus der Wert der Agrarprodukte durch die Betriebe bestimmt wird, die unter den ungünstigsten natürlichen Bedingungen produzieren, falsch zu sein. Für die sozialistische Landwirtschaft ist grundsätzlich, wie in der übrigen Volkswirtschaft, als gesellschaftlich notwendige Arbeitszeit die von den Betrieben aufgewendete Durchschnittsarbeitszeit anzusehen, die die Hauptmasse der Produkte des betreffenden Zweiges erzeugen.[1]

In diesem Zusammenhang ist allerdings auf folgende Problematik aufmerksam zu machen. Bei der Diskussion um die Bemessung der gesellschaftlich notwendigen Arbeitszeit in der Landwirtschaft wird oft übersehen, daß die gegenwärtig vorhandene Standortverteilung der landwirtschaftlichen Produktion durch die ökonomischen Gesetze des Kapitalismus geprägt wurde, ökonomisch keinesfalls begründet ist und in der Perspektive tiefgreifenden Veränderungen unterworfen werden muß. Der historisch bedingte Produktions-Universalismus einzelner Wirtschaften brachte es unter anderem mit sich, daß in einer Vielzahl von Betrieben Kulturen angebaut wurden, die von den natürlichen Produktionsbedingungen her relativ hohe Aufwendungen nur mit relativ niedrigen Erträgen lohnten.

Aus den Produktions-Universalismus der Vergangenheit und der früheren ökonomischen Bewertung des Bodens erklärt sich, daß auch bei uns der Boden bisher in erster Linie als allgemeines Produktionsmittel gesehen und auch von diesem Gesichtspunkt aus klassifiziert wurde. Obwohl diese Betrachtung nicht bedeutungslos wird, zeigen aber vielfältige

[1] Vgl. Lehrbuch Politische Ökonomie, S. 595, Dietz Verlag, Berlin, 1960.

Untersuchungen, daß der Boden eine spezifisch unterschiedliche Fruchtbarkeit für einzelne Kulturen aufweist und somit auch als spezifisches Produktionsmittel für die Erzeugung der konkreten Kulturen zu bewerten ist. Im Sozialismus kann diese spezifische Fruchtbarkeit planmäßig genutzt werden. Die mit der Entwicklung der Produktivkräfte verbundene Spezialisierung der landwirtschaftlichen Produktion wird somit auch eine völlig andere Standortverteilung der Produktion herbeiführen. Daraus ergibt sich auch, daß das Problem künftig immer weniger darin liegt, bei der Wertbestimmung allgemein zwischen Betrieben unter ungünstigen oder günstigen Produktionsbedingungen zu unterscheiden, sondern die Aufgabe fortschreitende Bedeutung erhält, die Bedingungen für die Erzeugung der einzelnen Produkte zu untersuchen.

Die Darlegung dieses Zusammenhanges sollte verdeutlichen, daß zwischen der Ermittlung der notwendigen Arbeitszeit und der Standortverteilung der Produktion ein untrennbarer Zusammenhang besteht. Die vertretene These, nach der sich auch in der Landwirtschaft die gesellschaftlich notwendige Arbeitszeit nach den Betrieben richtet, die die Hauptmasse der Erzeugnisse des Zweiges produzieren, erfordert eine auf die optimale Ausnutzung der natürlichen und ökonomischen Bedingungen gerichtete Verteilung der Produktion. Im Rahmen der für die Produktion bestimmter Erzeugnisse abgesteckter Gebiete muß allerdings Wert und letztlich im Prinzip auch Preis nach den durchschnittlichen Bedingungen bestimmt werden, wenn mittels der Wertbeziehungen Impulse zur Senkung der Selbstkosten und zur Steigerung der Arbeitsproduktivität ausgeübt und mittels der Ausnutzung des Wertgesetzes die planmäßige, proportionale Entwicklung der Landwirtschaft gefördert werden soll.

Die Lösung dieses Fragenkomplexes ist außerordentlich dringend, weil dadurch das besonders für die Entwicklung der sozialistischen Landwirtschaft wichtige Prinzip der materiellen

Interessiertheit berührt wird. Bereits gegenwärtig wird in den unter günstigen Bedingungen produzierenden LPG der materielle Anreiz zur Produktionssteigerung nicht mehr genügend wirksam. Andererseits verlassen sich die LPG, die unter ungünstigen Bedingungen produzieren, auf staatliche Subventionen und Hilfeleistungen vielfältiger Art, so daß, von dieser Seite her gesehen, ungenügende Impulse zur schnellen Entwicklung der sozialistischen Produktion ausgeübt werden. In diesen Fällen gibt es auch starke Tendenzen, zur anomalen Ausdehnung der individuellen Hauswirtschaft.

Aus dem behandelten Gesamtkomplex kann abgeleitet werden, daß es selbst bei ökonomisch exakt begründeten Preisen erforderlich sein dürfte, einen über das in der Industrie notwendige Maß hinausgehenden Einfluß mittels des Finanzsystems auf die Entwicklung der Landwirtschaft auszuüben. Sei es, um Betrieben, die unter besonders ungünstigen Bedingungen produzieren, ökonomische Hilfe zu leisten, sei es, um Teile der Differentialrente abzuschöpfen.

Auch auf diesem Gebiet ergibt sich eine Fülle neuer Probleme, von denen in diesem Rahmen nur die Frage der finanziellen Förderungsmaßnahmen beleuchtet werden soll. Durch den Staat wird gegenwärtig mit Hilfe finanzieller Förderungsmaßnahmen in vielfältiger Weise .auf die Entwicklung der Landwirtschaft eingewirkt. Diese Förderungsmaßnahmen entstanden entweder mit dem Ziel, die Produktionssteigerung in einzelnen Zweigen zur unmittelbaren Deckung des volkswirtschaftlichen Bedarf zu stimulieren, allgemein die Entwicklung des wissenschaftlich-technischen Fortschritts zu fördern oder die bestehenden sozialistischen Landwirtschaftsbetriebe vorrangig zu unterstützen. Daraus ist eine unübersichtliche Vielzahl von wirksamen Hebeln entstanden, die in ihrem Zusammenspiel nicht mehr aufeinander abgestimmt sind. Dazu ist allerdings zu sagen, daß eine gründliche Analyse der Wirkungsweise dieser Förderungsmaßnahmen während des stürmischen Prozesses der sozialistischen Umgestaltung kaum möglich war. Auch hier ist jedoch jetzt der Zeitpunkt gekommen, zu einer Systematiserung und Veränderung zu gelangen.

Gegenwärtig bestehen noch über 70 finanzielle Förderungsmaßnahmen, von denen nur folgende genannt sein mögen:

1. Finanzierung von staatlichen Einrichtungen. — Hierzu zählen die MTS, die Milchleistungsprüfung, die Tierzuchtinspektion usw.
2. Stimuli zur Durchführung bestimmter Maßnahmen im Produktionsprozeß, z.B. Sauenbedeckung, Färsenbedeckung, Prämien für jedes 7. Ferkel.
3. Materieller Anreiz für die Sicherung der Marktproduktion durch Prämien für vorfristige Ablieferung von Jungmastrindern, Frühdruschprämien u. s. f.
4. Finanzierung der Produktionsfonds. — Hierzu gehört die Düngemittelstützung, die Belieferung mit verbilligtem Brenn- und Treibstoff. Die Finanzierung wasserwirtschaftlicher Maßnahmen, Erlaß von langfristigen Krediten, die Gewährung von Produktionshilfe usw.
5. Stützung des Einkommens. — Sie wird durch den teilweisen Erlaß überfälliger kurzfristiger Kredite gewährt. Hierzu können auch Überbrückungskredite und andere gerechnet werden.
6. Direkte Hilfe für die Genossenschaftsbauern. — Hierzu zählen Beihilfe für die Altenteilverpflichtungen, Begünstigungen beim Wohnungsbau, Zuschüsse zur Beschaffung der ersten Milchkuh u. a.

Es dürfte keinen Zweifel darüber geben, daß es vor allem auch vom Standpunkt der Wirkungsweise des Wertgesetzes erforderlich ist, daß Gesamtsystem der Finanzierung der sozialistischen Landwirtschaft den neuen gesellschaftlichen Bedingungen entsprechend zu gestalten und zu systematisieren.

In diesem Rahmen, das sei am Rande erwähnt, bedarf der Komplex der Kreditierung einer besonders aufmerksamen Analyse. Im Jahre 1959 z. B. erhielten die LPG mit Geldeinkünften von über 600.— DM je Hektar LN 15% mehr an langfristigen Krediten je Hektar als die Genossenschaften mit Geldeinkünften von 0—300.— DM.

Die Kompliziertheit der theoretischen und praktischen Lösung der hier dargelegten, mit der Ausnutzung des Wertgesetzes verbundenen Probleme ergibt sich einmal aus ihrer Vielschichtigkeit und Komplexität, zum anderen, und das ist die entscheidende Seite, muß jede Veränderung darauf gerichtet sein, die landwirtschaftliche Produktion, entsprechend den Bedürfnissen der Gesellschaft zu erhöhen und das Bündnis der Arbeiterklasse mit der Bauernschaft weiter zu festigen.

Die ständige Vervollkommnung der wirtschaftlichen Rechnungsführung in der Landwirtschaft — eine dringende Notwendigkeit

Der 6. Deutsche Bauernkongreß verallgemeinerte die Erfahrungen, die bei der sozialistischen Umgestaltung der Landwirtschaft, insbesondere im Jahre 1960, gewonnen wurden. Er beantwortete damit auch die Frage, wo die Ansatzpunkte liegen, um unter den neugeschaffenen ökonomischen Verhältnissen die sozialistische Produktion zu entwickeln und den Erfordernissen der immer umfassender wirksam werdenden ökonomischen Gesetze des Sozialismus zu entsprechen. Als Hauptkettenglied erkannte er, das Jahr 1961 zum Jahr der guten genossenschaftlichen Arbeit zu machen. Die in Vorbereitung und Auswertung des Kongresses beschlossenen Maßnahmen zur Verbesserung der Agrarplanung, die vollzogenen preispolitischen Veränderungen, der Beschluß zur Einführung der Kostenrechnung in den LPG des Typ III tragen dazu bei, den demokratischen Zentralismus in der Landwirtschaft zu festigen und die Initiative der Genossenschaftsbauern zu fördern.

Eindeutig wird mit dieser Orientierung der marxistisch-leninistischen Erkenntnis entsprochen, nach der sich das Wirken der ökonomischen Gesetze des Sozialismus durch das bewußte Handeln der Volksmassen durchsetzt. Ich sehe dementsprechend, im Gegensatz zur verbreiteten Auffassung, die Tatsache, daß wir die erwähnten wirtschaftspolitischen Probleme nicht schneller lösen, keinesfalls in erster Linie als eine taktische Frage an, die sich vielleicht aus den besonderen politischen Bedingungen unseres sozialistischen Aufbaus ableiten läßt. Um zum Beispiel tiefergreifende Änderungen zur bewußten Ausnutzung des Wertgesetzes in der Landwirtschaft vollziehen zu können, ist eine entsprechende Einsicht der Genossenschaftsbauern in die ökonomischen Zusammenhänge und Notwendigkeiten erforderlich. Die Größe dieser Aufgabe wird daran ersichtlich, daß über 500.000 LPG-Mitglieder noch bis vor einem Jahr als Einzelbauern wirtschafteten. Natürlich bestehen enge Wechselbeziehungen zwischen der Ökonomie des Einzelbetriebes und den gesamtstaatlichen Maßnahmen der Preis-, Steuer-, Kreditpolitik usw. Es ist jedoch eine unumstößliche Tatsache, daß die weitere Festigung unserer sozialistischen Landwirtschaftsbetriebe, die Entwicklung des sozialistischen Bewußtseins der Bauern entscheidende Bedingungen dafür schaffen, Änderungen wirtschaftspolitischer Art durchzuführen.

Die durch jahrzehntelange Praxis des sozialistischen Aufbaus bewährte Methode, die Werktätigen mit dem Wirken der ökonomischen Gesetze des Sozialismus vertrautzumachen, sie im Sinne der Ökonomie zu erziehen, ist die wirtschaftliche Rechnungsführung als „Form der planmäßigen Wirtschaftsführung der sozialistischen Betriebe, die durch das Wirken des Wertgesetzes bedingt ist."[1] Messen wir den in der Landwirtschaft erreichten Stand an den bekannten theoretischen Kriterien der wirtschaftlichen Rechnungsführung und auch an der Notwendigkeit und Möglichkeit ihrer Verwirklichung, können wir sicher nicht zufrieden sein. Nicht zuletzt scheint sich diese Tatsache mit darauf zurückführen zu lassen, daß theoretische Meinungsverschiedenheiten über das Wesen der wirtschaftlichen Rechnungsführung unter den Agrarökonomen noch nicht behoben werden konnten. Dabei geht es nicht um die eine oder andere Einzelfrage, zu der ein Meinungsstreit immer erforderlich sein wird, sondern um die objektive Kategorie der wirtschaftlichen Rechnungsführung und ihre Stellung im Gesamtsystem unserer sozialistischen Volkswirtschaft.

Symptomatisch für die falsche Einschätzung der wirtschaftlichen Rechnungsführung scheint mir die praktische Arbeitsteilung in unserer früheren Forschungsarbeit zu sein. Auch im veröffentlichten Perspektivplan der agrarökonomischen Forschung[2] wird diese „Arbeitsteilung" dahingehend aktenkundig gemacht, daß wir zwischen den Fragen der wirtschaftlichen Rechnungsführung und den Problemen der Leitung sozialistischer Landwirtschaftsbetriebe trennten. Eine solche Trennung bedeutet aber in der Konsequenz, die Einheit zwischen Ökonomie und Politik zu ignorieren. Sie läuft einerseits darauf hinaus, die Leitung sozialistischer Landwirtschaftsbetriebe des ökonomischen Inhalts zu entkleiden und Leitungsfragen zu einem Problem der „Menschenführung" ohne Ökonomie zu machen. Andererseits führt diese Trennung dazu, die ökonomischen Prozesse von der bewußten Tätigkeit der Werktätigen zu isolieren und damit die Gefahr heraufzubeschwören, einen der großen Vorzüge der sozialistischen Produktionsweise

[1] Lehrbuch Politische Ökonomie, S. 627.
[2] Zeitschrift für Agrarökonomie, 1/59.

ungenutzt zu lassen. Die Herbeiführung eines einheitlichen Standpunktes auf diesem Gebiet dürfte nicht nur unmittelbar für die sozialistischen Landwirtschaftsbetriebe eine Hilfe sein, sondern ich sehe das auch als bedeutungsvoll für die weitere erfolgreiche Tätigkeit in Lehre und Forschung an.

Im Rahmen der wirtschaftlichen Rechnungsführung muß der Selbstkostenrechnung eine große Beachtung gewidmet werden, wobei beide Begriffe keineswegs identifiziert werden sollen. Ich stimme allerdings Jonuscheit zu, der in der Kosten- und Ergebnisrechnung das Kernstück der wirtschaftlichen Rechnungsführung sieht.[1]

In Erkenntnis der Bedeutung der Selbstkostenrechnung für die Entwicklung der sozialistischen Landwirtschaft beschäftigte sich die Sektion Agrarökonomie mehrfach, letztmalig in der Septembersitzung des Jahres 1960, mit diesem Problem. Im Ergebnis dieser Sitzung konnten wichtige Beschlüsse gefaßt werden, die zur Annäherung der Standpunkte in Fragen der Selbstkostenrechnung führten. Der unter Leitung von Prof. Roth stehenden Arbeitsgemeinschaft gelang es, die vielfältigen Meinungen, die die Methodik der Selbstkostenrechnung betrafen, weitgehend zu vereinheitlichen und auch das komplizierte Problem der Bewertung der lebendigen Arbeit einer praktischen Lösung zuzuführen. Ich glaube sicher, daß es bei weiterer Gemeinschaftsarbeit auch gelingt, auf den Gebieten eine einheitliche Meinung zu erzielen, wo es, wie bei den Koppelprodukten und bei der Bewertung des Wiedereinsatzes, gegenwärtig noch unterschiedliche Auffassungen gibt.

Bedeutungsvoller scheint es, im Rahmen der heutigen Sitzung über die, die Kostenrechnung betreffenden Fragen zu sprechen, bei denen sich in der erwähnten Sektionssitzung

---

[1] K. H. Jonuscheit: „Zur Theorie und Anwendung der wirtschaftlichen Rechnungsführung", Probleme der pol. Ök., Bd. III, S. 337, Akademie Verlag, Berlin, 1960.

ernsthaftere Meinungsverschiedenheiten zeigten. Es handelt sich hier um die objektive Bedeutung der Selbstkostenrechnung für die einzelnen sozialistischen Landwirtschaftsbetriebe einerseits und die Leitung und Planung der landwirtschaftlichen Produktion durch den sozialistischen Staat andererseits.

In vielen Beratungen über die Einführung der Selbstkostenrechnung erhoben sich kritische Stimmen, die auf die unzureichenden Voraussetzungen hinwiesen, die in Fragen der Betriebsorganisation, dem Zustand des Rechnungswesens, der Kaderqualifizierung, der Buchhaltungskräfte u. a. gegenwärtig gegeben sind und die forderten, den Übergang zur Selbstkostenrechnung erst dann in Angriff zu nehmen, wenn diese Mängel behoben sind. Sicher gibt es hier große Hindernisse. Hier zeigt sich wiederum der schon bei der Behandlung des Gesamtkomplexes der wirtschaftlichen Rechnungsführung angedeutete Zusammenhang zwischen dem Bewußtseinsstand der Menschen und dem Ablauf der ökonomischen Prozesse. Die Einführung der Selbstkostenrechnung von vielfältigen Vorbedingungen abhängig machen, heißt letzlich wieder, von der Tatsache abstrahieren, daß sich die ökonomischen Gesetze des Sozialismus durch die bewußte Tätigkeit der Menschen durchsetzen. Es erscheint notwendig, den Ausgangspunkt zu wählen, daß zur Leitung entwickelter sozialistischer landwirtschaftlicher Großbetriebe — worunter ich hier die LPG des Typ III verstehe — die Selbstkostenrechnung ein objektives Erfordernis darstellt. Die Aufgabenstellung zu ihrer Einführung, der Kampf um ihre Durchsetzung, die Auswertung ihrer Ergebnisse kann maßgeblich mit dazu beitragen, bestimmte, noch vorhandene Mängel in der Betriebsorganisation und der Rechnungslegung, vor allem in der Normenarbeit, aufzudecken und zu überwinden. Dazu ist allerdings notwendig, die Einführung der Kostenrechnung als Aufgabe nicht nur an die Buchhaltungskräfte heranzutragen sondern die Brigaden und das Gesamtkollektiv der LPG dafür zu interessieren. Immer dringender wird es allerdings auch, die Manufakturperiode in der Technik der Buchhaltung zu überwinden und zu Verfahren fortzuschreiten, die dem Großbetrieb entsprechen.

Es wurde im anderen Zusammenhang schon betont, daß es zur bewußten Ausnutzung des Wertgesetzes in der Landwirtschaft unerläßlich erscheint, Untersuchungen zur Höhe des gesellschaftlichen notwendigen Arbeitsaufwandes und zu seinen Entwicklungstendenzen zu führen. Auskunft darüber kann unter den gegebenen Bedingungen nur eine nach einheitlichen Gesichtspunkten durchgeführte, am besten langjährige Auswertung der Selbstkostenrechnung vieler sozialistischer Landwirtschaftsbetriebe vermitteln. Auch zur Erfassung des Wirkens der Differentialrente für begründete steuerpolitische Maßnahmen und andere Aufgaben der Leitung der Landwirtschaft, z. B. für eine ökonomisch begründete Standortverteilung und Agrarplanung, ist auf die Ergebnisse von Selbstkostenrechnung nicht zu verzichten. Die hierdurch zugewinnende Erkenntnis kann durch keine Modellkalkulation ersetzt werden, so daß auch von diesem Gesichtspunkt her die Durchführung und Auswertung der Selbstkostenrechnung als objektives Erfordernis betrachtet werden muß.

Die dringende Notwendigkeit, die wirtschaftliche Rechnungsführung besonders in der Landwirtschaft zu vervollständigen, soll von einem weiteren Gesichtspunkt her unterstrichen werden. Es obliegt den Genossenschaftsbauern selbst, im Rahmen von Grenzen, die durch das Musterstatut nur grob gezogen sind, darüber zu entscheiden, welche Mittel nach Abdeckung staatlicher Verpflichtungen für den Ersatz der verbrauchten Produktionsmittel, für die Erweiterung der Produktion und die individuelle und gesellschaftliche Konsumtion im Rahmen der LPG bereitgestellt werden. Die Beratung und Beschlußfassung über die hier jährlich durch die Mitgliederversammlung herzustellenden Proportionen sind von großer Bedeutung für die genossenschaftliche Arbeit. Die Auseinandersetzungen um diese Fragen können die Erkenntnis der ökonomischen Notwendigkeiten vertiefen, das sozialistische Bewußtsein der Genossenschaftsbauern entwickeln und die Verbundenheit zur LPG maßgeblich festigen. Mit vollem Recht lenkte der Sekretär des Zentralkomitees der SED, Genosse Grüneberg, auf dem 6. Deutschen Bauernkongreß die Aufmerksamkeit aller Genossenschaftsbauern darauf, das Wirken der ökonomischen Gesetze auch auf diesem Gebiet stärker zu beachten.

Ausgehend von den Erfordernissen der ökonomischen Gesetze des Sozialismus, haben die LPG die verbrauchte vergegenständlichte Arbeit zu ersetzen, den Genossenschaftsbauern einen Teil des Bruttoeinkommens zur Verfügung zu stellen und aus dem genossenschaftlichen Reineinkommen Mittel für die weitere Entwicklung der genossenschaftlichen Produktion abzuzweigen. Wie die folgende Übersicht zeigt, gibt es gegenwärtig ernste Verstöße gegen diese ökonomischen Notwendigkeiten.

Relative Entwicklung der Einnahmen und Fondszuführung sowie Zuführungen zum Unteilbaren Fonds in % der Einnahmen und Einkünfte in der LPG Typ III im DDR-∅ 1955/59[1]
(1955 = 100)

	1955	1956	1957	1958	1959
Einnahmen in DM je ha LN	100	100	121	130	158
Gesamteinkünfte in DM je ha LN	100	81	107	145	195
Zuführungen zum Unteilb. Fonds in DM je ha NL	100	99	120	117	137
in % der Einnahmen	8,9	8,9	8,8	8,1	7,8
in % der Gesamteinkünfte	24,5	30,1	25,0	19,9	17,7

[1] Errechnet aus der Zusammenfassung der Jahresabschlußberichte der LPG Typ III bei der Staatlichen Zentralverwaltung für Statistik.

Die Zahlen zeigen das Zurückbleiben der Zuführungen zum Unteilbaren Fonds hinter der Entwicklung der Einnahmen und Gesamteinkünfte. Die über die Sicherung des notwendigen Produktes und die Mindestzuführungen hinaus erzielten Einkünfte gelangen überwiegend als persönliche Einkünfte zur Verteilung.

Noch klarer geht die gegenwärtig unzureichende Deckung der erweiterten und selbst der einfachen Reproduktion aus Eigenmitteln der LPG aus speziellen Untersuchungen unseres Institutes hervor. Sie ergeben, daß im Jahre 1959 die tatsächlichen Zuführungen zum Unteilbaren Fonds nur 86% der kalkulativ ermittelten notwendigen Amortisationen deckten. Die Problematik der Sicherung der einfachen Reproduktion durch Eigenmittel der Genossenschaften verschärft sich durch die schnell fortschreitende Erhöhung der Grundfonds, aber auch durch die Veränderungen in der Struktur der Grundfonds, insbesondere durch den relativ anwachsenden Anteil von Maschinen. Nach unseren Untersuchungen erhöhte sich zum Beispiel der durchschnittliche Abschreibungssatz (mit MTS-Maschinen) von 4,75% im Jahre 1955 auf 5,06% im Jahre 1959.

Während somit einerseits in vielen LPG die einfache Reproduktion nicht gesichert wird, verschiebt sich andererseits, wie für den Gesamtrahmen der LPG des Typ III angedeutet wurde, das Verhältnis von Akkumulation und Konsumtion, vielfach in nicht zu vertretendem Maße zugunsten der Konsumtion.

Diese Verstöße gegen die Erfordernisse der ökonomischen Gesetze des Sozialismus hängen keinesfalls nur, wie oft vereinfacht argumentiert wird, mit der vielleicht noch unzureichenden Entwicklung des sozialistischen Bewußtseins der Genossenschaftsbauern zusammen, sondern sie haben eine unmittelbare Ursache darin, daß die wirtschaftliche Rechnungsführung gegenwärtig nicht voll entwickelt ist und die

Aussagen der Buchhaltung die ökonomischen Erfordernisse nicht genügend deutlich machen. Diese Tendenzen erhalten auch dadurch Vorschub, daß von einzelnen Mitarbeitern staatlicher Organe die Wirtschaftlichkeit der LPG lediglich an der Höhe der zur Auszahlung gelangenden Arbeitseinheiten gemessen wird. Viele Genossenschaftsbauern erschrecken, wenn ihnen bewiesen wird, daß in ihrer LPG infolge unzureichender Fondsbildung aus der genossenschaftlichen Substanz gezehrt wird. Es sei in diesem Zusammenhang der Vollständigkeit halber erwähnt, daß die Erkenntnis der ökonomischen Erfordernisse den Genossenschaftsbauern auch durch die falsche, zu niedrige Bewertung der Grundmittel erschwert wird.

Aus dem Gesagten wird die Notwendigkeit ersichtlich, die wirtschaftliche Rechnungsführung durch die Weiterentwicklung der Buchführung zu vervollständigen. Mit dem als notwendig erkannten exakten Ausweis der zur einfachen Reproduktion benötigten Mittel steht die schon oft erhobene Forderung im Zusammenhang, einen Amortisationsfonds und einen Akkumulationsfonds zu bilden. Genau so dringend erscheint die Herstellung der Verbindung zwischen der Kostenrechnung und der Errechnung des Betriebsergebnisses. Wie die Entwicklung der LPG beweist, ist die Einführung einer exakten Ergebnisrechnung, ähnlich der der VEG, zu einer akuten Notwendigkeit geworden. Diese Veränderungen im Rechnungswesen der LPG sind eine Voraussetzung dafür, daß die Genossenschaftsmitglieder das Wirken der ökonomischen Gesetze erkennen, um entsprechend ihren Erfordernissen handeln zu können.

Die Verwirklichung der Prinzipien der wirtschaftlichen Rechnungsführung erfordert nicht nur den Ersatz der verbrauchten vergegenständlichten und lebendigen Arbeit, nicht nur die Sicherung der einfachen Reproduktion, sondern sie verlangt die Rentabilität, d. h. die Erzielung eines Reineinkommens, das auch zur Finanzierung der erweiterten Reproduktion beitragen kann.

Der hier berührte Fragenkomplex ist von großem wirtschaftspolitischem Interesse. Er steht in untrennbarem Zusammenhang mit der Preisbildung; er berührt letztlich ale weiteren ökonomischen Probleme der genossenschaftlichen Wirtschaft. Theoretisch sind aber gerade hier noch viele Fragen offen. Die hierzu vorzutragenden Gedanken bedürfen deshalb besonders der weiteren Vertiefung und der gründlichen Diskussion.

Bereits die Frage nach der Größe der für die einzelnen Betriebszweige und für die LPG insgesamt notwendigen Rentabilität findet bisher keine einheitliche Antwort. Einmal wird die Grundlage für die Berechnung in den Wertrelationen gesehen. Hierzu soll zu den Selbstkosten der einzelnen Betriebszweige bzw. für die LPG insgesamt das Reineinkommen proportional zur Höhe der Selbstkosten für die lebendige Arbeit hinzugerechnet werden. Die Verwirklichung dieses Vorschlages würde sich so auswirken, daß mit steigender Mechanisierung und entsprechender Senkung des Anteils der Lohnkosten an den Gesamtselbstkosten das Reineinkommen zurückgeht. Für eine derartige Festlegung kann auch nicht sprechen, daß den in der Arbeitsproduktivität zurückgebliebenen Zweigen und LPG eine höhere Rentabilität zum Zwecke der Erweiterung der materiell-technischen Basis zuzubilligen wäre, da sowohl das Verhältnis von vergegenständlichter und lebendiger Arbeit als auch das Verhältnis der Produktionsfonds zur Gesamtproduktion und damit der Bedarf an Akkumulationsmitteln weitgehend vom Charakter der Produktion in dem betreffenden Zweig und der betreffenden LPG bestimmt wird.

Eine weitere Meinung geht dahin, das Reineinkommen ebenfalls vom Wert ausgehend zu bestimmen, wobei jedoch zu den Selbstkosten in den Zweigen bzw. in den LPG das Reineinkommen proportional zur Höhe der gesamten Selbstkosten hinzuzurechnen wäre. Wenn für gleiche verbrauchte Fonds ein gleiches Reineinkommen gewährleistet sein soll, müßte für sämtliche Betriebszweige und LPG eine gleiche Rentabilität gegeben werden. Diese Übertragung des Prinzips des kapitalistischen Produktionspreises mit gleichmäßiger Verteilung des Reineinkommens auf die Zweige widerspricht den Erfordernissen des ökonomischen Grundgesetzes und des Gesetzes der planmäßigen proportionalen Entwicklung. Es würde dazu führen, daß in einigen Zweigen und einigen LPG die notwendigen Akkumulationsmittel fehlen, während andere zu viel Mittel erhalten, d. h. es würde Ungleichheit in den Möglichkeiten zur Finanzierung der erweiterten Reproduktion aus eigenen Mitteln bestehen.

Eine dritte Variante schließlich, das Reineinkommen proportional zur Höhe der in der Produktion eingesetzten Grund- und Umlauffonds festzulegen, berücksichtigt zwar schematisch die fungierenden Fonds, nicht aber die für die verschiedenen landwirtschaftlichen Betriebszweige unterschiedlich bestehende Notwendigkeit der Erweiterung der Produktion entsprechend den Erfordernissen der ökonomischen Gesetze.

Daraus folgt, daß es nach meiner Auffassung keine einheitliche, schematische Festlegung des Reineinkommens für die einzelnen Zweige der landwirtschaftlichen Produktion geben kann. Ausgehend vom Bedarf an den einzelnen landwirtschaftlichen Erzeugnissen und vom Stand der Ausrüstung mit Produktionsmitteln in den landwirtschaftlichen Betriebszweigen wird das Reineinkommen nach der notwendigen Höhe der Akkumulation in den einzelnen Zweigen zu bestimmen sein. Das gleiche gilt für die einzelnen LPG bzw. für die verschiedenen landwirtschaftlichen Gebiete. Die Höhe ihres Reineinkommens ist festzulegen nach den Aufgaben, die ihnen für die erweiterte Reproduktion gestellt sind, für die Vergrößerung ihrer Produktionsfonds, dazu kommt die erforderliche Akkumulation für die gesellschaftliche Konsumtion im Rahmen der

LPG. Da letztere vom AK-Besatz abhängt, und damit vom Charakter und Entwicklungsstand der Produktion in den Zweigen, ist auch von dieser Seite die Zweckmäßigkeit der Differenzierung des Reineinkommens begründet. Der Einwand, daß bei unterschiedlicher Reineinkommensgröße alle LPG sich auf die Produkte mit hoher Rentabilität orientieren, läßt sich dadurch entkräften, daß einmal die staatlichen Planaufgaben dem entgegenstehen, weiter finanzielle Vorteile für die LPG nicht gegeben sind, da zur Ausdehnung des betreffenden Zweiges ja die Produktionsfonds erweitert werden müssen und schließlich auch der Staat über die materielle Bereitstellung der Produktionsmittel Einwirkungsmöglichkeiten hat.

ZUSAMMENFASSUNG

Es war in diesem Vortrag nur möglich, einige theoretische und wirtschaftspolitische Probleme der Ausnutzung des Wertgesetzes zur Diskussion zu stellen. Es mußte auf die Behandlung der Fragen der VEG, der besonderen Probleme der LPG des Typ I und nicht zuletzt auf die besondere Problematik der Hauswirtschaften, der Bewertung der lebendigen Arbeit und andere verzichtet werden.

Für die folgende Diskussion erscheint es zweckmäßig, nicht die mit den ökonomischen Beziehungen zwischen Stadt und Land zusammenhängenden Probleme in den Mittelpunkt zu rücken. In Anbetracht ihrer Bedeutung wäre allerdings die Möglichkeit zu erwägen, durch beide Sektionen eine Arbeitstagung zur Wirkungsweise der Differentialrente durchzuführen.

Die Aussprache zu der als dringend nachgewiesenen Vervollständigung der wirtschaftlichen Rechnungsführung wird wertvolle Anregungen für die agrarökonomische Forschung und die Festigung unserer sozialistischen Landwirtschaftsbetriebe vermitteln können.

Kolibri 360 GmbH
Ferdinand-Jühlke-Straße 7
99095 Erfurt, Deutschland
produktsicherheit@kolibri360.de